# Krabbeltierforscher-Wissen

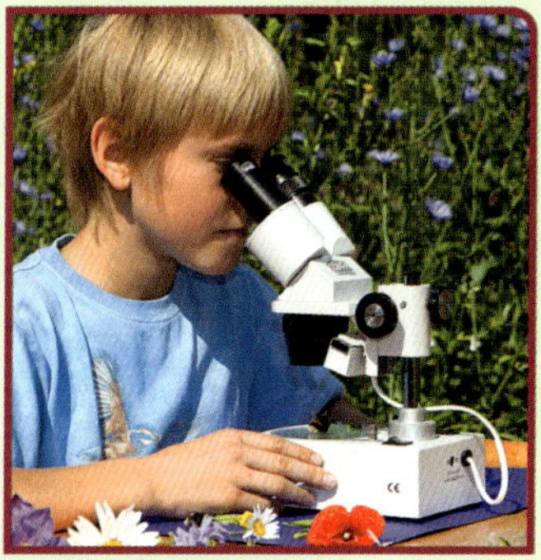

Typisch Insekt: 4 Flügel und 6 Beine!

# Welches Krabbeltier ist das?

**Käfer, Spinne oder Tausendfüßer?** Wenn du die Beine eines Krabbeltieres zählst, weißt du gleich, zu welcher Gruppe es gehört. So haben Insekten immer 6 Beine und Spinnen 8 Beine. Gar keine Beine haben Würmer und Schnecken. Und dann gibt es noch Tausendfüßer und Asseln mit sehr vielen Beinpaaren!

**Schnecke & Wurm: Keine Beine** Wer sich schlängelnd oder kriechend fortbewegt, der braucht keine Beine. Zu diesen kriechenden Tieren zählen alle Schnecken und Würmer.

**Insekten: 6 Beine** ... und meistens Flügel! Alle Insekten haben 3 Beinpaare, also insgesamt 6 Beine.

Die meisten besitzen außerdem **4 Flügel** wie Schmetterlinge, Libellen, Heuschrecken, Käfer, Bienen und Wespen.

Viele haben auch nur **2 Flügel**: zum Beispiel Fliegen und Mücken.

Manche Insekten wie der Ohrwurm haben aber auch **gar keine Flügel**. Du erkennst sie trotzdem – an ihren 6 Beinen!

## Spinnentiere: 8 Beine

Alle Spinnentiere tragen 8 Beine. Viele Spinnen bauen Netze zum Beutefang, aber nicht alle! Manche jagen auch frei am Boden umherlaufend oder warten einfach, bis Beute von selbst vorbeikommt. So ist die Zecke mit ihren 8 Beinen ebenfalls ein Spinnentier und auch der Weberknecht mit seinen sehr langen Beinen. Spinnen haben **niemals Flügel**.

**Tausendfüßer & Assel: viele Beine** Viele Krabbeltiere mit mehr als 8 Beinen werden „Tausendfüßer" genannt. Das ist allerdings etwas übertrieben, denn keines davon hat wirklich tausend Füße! Zu diesen „Tausendfüßern" zählen die eigenartigen Schnurfüßer, die aussehen wie krabbelnde Schnürsenkel, und auch die räuberischen, also andere Kleintiere fressenden, schmerzhaft zwickenden Steinkriecher. Mehr als 8 Beine haben auch Asseln – die einzigen dauerhaft landlebenden Krebse! Krabbeltiere mit mehr als 8 Beinen tragen **niemals Flügel**.

## Würmer mit 6 Beinen?

Oft kannst du wurmähnliche Tiere finden, die 6 Beine tragen, aber wirklich nicht aussehen wie ein Schmetterling, Käfer oder eine Biene. Bestimmt hast du hier eine Larve entdeckt. Larven heißen die Kinder der Insekten. Sie sehen oft ganz anders aus als ihre Eltern, wie zum Beispiel die Raupe des Schmetterlings. Auf der nächsten Seite erfährst du mehr über die Insektenkinder.

Jeder Schmetterling fängt einmal als Raupe an!

# Das Wunder der Verwandlung

Die Kinder der meisten Krabbeltiere sehen ganz anders aus als ihre Eltern. So ist kaum vorstellbar, wie aus einer Raupe ein Schmetterling werden soll und aus einem wurmähnlichen Engerling ein schöner Maikäfer. Und doch funktioniert es immer und immer wieder. Jedes Jahr auf's Neue – millionenfach!

**Vom Ei …** Ob Käfer, Spinne oder Biene: Sie alle legen Eier. Natürlich sind diese Eier sehr, sehr klein. So ist das gesamte Eigelege eines Schmetterlings gerade mal so groß wie der Fingernagel deines kleinen Fingers. Bienen und Wespen bauen richtig kunstvolle Nester mit Waben als Einzelzimmer für jede Larve. Schmetterlinge kleben ihre Eier oft an die Unterseite von Blättern. Schnecken, Käfer und Heuschrecken buddeln sie in der Erde ein und viele Libellen werfen ihre Eier einfach ins Wasser. Zahlreiche Spinnen weben kunstvolle Kinderzimmer aus Seide und passen gut auf ihr Gelege auf.

**… zur Larve …**
Aus den Eiern schlüpfen die winzigen Krabbeltier-Kinder: sie heißen „Larven“. Bei den Schmetterlingen sind es Raupen, bei den Fliegen Maden, bei den Heuschrecken heißen sie Nymphe und bei den Käfern Engerling. Gemeinsam ist all diesen Larven, dass sie ganz anders aussehen als ihre Eltern – und auch ganz anders leben! Larven haben riesengroßen Hunger und futtern pausenlos. Dafür wachsen sie auch schnell. Weil ihre Haut nicht mitwachsen kann, müssen sie ab und zu aus ihrer Haut herausschlüpfen. Man sagt, sie „häuten“ sich.

**… vielleicht zur Puppe …** Viele Larven tun etwas ganz Unglaubliches, sobald sie sich nudeldick gefuttert haben: Sie spinnen sich aus Seidenfäden einen warmen Schlafsack, er heißt „Kokon“. In diesem Kokon bleiben sie mehrere Wochen oder auch einen ganzen Winter lang völlig reglos, aber ihr Körper verändert sich. Das nennt man „Puppe“.

**… und zum fertigen Krabbeltier!** Manche Larven verändern sich jedoch allmählich und sehen schließlich aus wie ihre Eltern. Sie bauen keinen Kokon. Zum Beispiel ist das so bei den Heuschrecken. Bei den Larven, die sich in einen Kokon eingesponnen haben, schlüpfen schließlich Tiere, die den Larven überhaupt nicht mehr ähnlich sehen! Das ist so bei Schmetterlingen und Käfern.

Hier verstecken sie sich!

# Wo finde ich Krabbeltiere?

**Unter Holz und Steinen** Viele Krabbeltiere verstecken sich tagsüber unter Holzstapeln oder Steinen und kommen erst nachts hervor. Drehst du Steine oder Holz vorsichtig um, so wirst du hier garantiert fündig. Meist findest du Asseln, Steinkriecher, Ohrenkneifer, Laufkäfer und den schönen Tigerschnegel. Bitte hinterlasse alle Verstecke so, wie du sie vorgefunden hast.

**Zwischen Blumen und Brennnesseln** Brennnesseln sind ein Schlaraffenland für viele Insekten. Tatsächlich futtern die Raupen unserer schönsten Schmetterlinge nichts anderes als Brennnesseln! Du musst dich nur ruhig vor ein Brennnessel-Feld setzen und genau hineinschauen. Es dauert nicht lange und du wirst ein Ge-

wimmel von Raupen, Wanzen, Käfern, Spinnen, Heuschrecken und Schnecken entdecken!
An blühenden Wegrändern und Wiesen findest du viele Schmetterlinge, Bienen, Hummeln, Schwebfliegen, Käfer und Zikaden.

**In der Erde und zwischen Laub** Wühlst du mit den Händen zwischen Laub und Erde im Wald, so findest du hier Käfer und ihre unterirdisch lebenden Larven, die Engerlinge, am Boden lebende Ameisen, Spinnen, Erdläufer, Asseln und natürlich viele Regenwürmer.

**Nichts als Sand?** Auf trockenen, nährstoffarmen Sandflächen leben oft besonders viele Insekten: Die meisten haben es gern warm und sonnig. So sind Sandgebiete der bevorzugte Lebensraum vieler Heuschrecken und Wildbienen, und der faszinierende Ameisenlöwe ist hier zuhause!

**Verdächtige Spuren** Achte bei Deinem nächsten Spaziergang doch einmal auf verdächtige Spuren am Wegesrand wie angeknabberte oder eingerollte Blätter oder Gespinste. Meist sind hier die kleinen Verursacher nicht weit ...

**Bei Nacht** Ein besonderes Erlebnis ist natürlich eine Nachtexpedition mit Taschenlampe. Hör mal, ob bei euch Grillen zirpen und Heuschrecken sirren. In warmen Sommernächten tanzen Glühwürmchen wie kleine Irrlichter durch die Nacht und Nachtschmetterlinge fliegen von Blüte zu Blüte. Leuchtest du den Waldboden an, so kannst du jetzt die Tiere in Aktion erleben, die sich tagsüber unter Steinen versteckt halten: Tausendfüßer, Laufkäfer und den gefürchteten Steinkriecher.

# Hilfe für Marienkäfer & Wildbiene

### Ohrenkneifer-Topf

**Das brauchst du:**

- Blumentopf
- Heu oder Stroh
- Schnur
- Stöckchen
- evtl. Farbe und Pinsel zum Bemalen

Ohrenkneifer futtern für ihr Leben gern Blattläuse und sind deshalb bei Gärtnern beliebt. Willst du Ohrenkneifer anlocken, so hänge einen mit Heu gefüllten Blumentopf kopfüber an den Stamm eines von Läusen befallenen Rosenstrauches. Die Schnur befestigst du im Topf, indem du einen kurzen Stock ans Ende der Schnur knotest. Damit das Heu nicht herausfällt, klemme einfach 2 Stöckchen in die Topföffnung.

### Wildbienen-Lehmhäuschen

**Das brauchst Du:**

- Lehm
- Blumentöpfe
- hohle Stängel (Schilf)
- verschieden dicke Stöcke

Wildbienen sind nicht gefährlich und auch nicht lästig. Im Gegenteil: Sie sind sehr wichtig für die Natur, denn sie bestäuben unsere Blumen. Häuschen für Wildbienen sind einfach zu bauen. Fülle einfach Blumentöpfe mit Lehm und piekse mit Stöckchen ein paar Löcher hinein. Du kannst auch hohle Stängel, beispielsweise von Schilf oder Bambus, in die Töpfe stecken. Lege die Töpfe mit der Öffnung zur Seite im März oder April an einen regengeschützten, sonnigen Platz am Haus. Schon bald werden die ersten Wildbienen da sein, um ihre Eier in die Löcher oder Stängel zu legen.

### Marienkäfer-Kiste

**Das brauchst du:**

- Holzkiste mit Öffnung
- Holzwolle
- Heu oder Stroh
- evtl. Farbe und Pinsel zum Bemalen

Marienkäfer und Florfliegen brauchen frostfreie Winterquartiere und sammeln sich deshalb im Herbst oft in Ritzen von Fenstern und Schuppen. Viele Hausbesitzer stört das aber. Setze Käfer und Florfliegen einfach in eine mit Holzwolle, Heu oder Stroh gefüllte Kiste (mit Öffnung!) und stelle die Kiste an einen frostfreien Platz in Hausnähe. Gut geeignet sind auch Schuppen und Garagen. Hauptsache, die Tiere können im Frühjahr wieder hinaus!

### Holz, Steine und Blumen

Möchtest du Schmetterlinge, Bienen, Käfer und Grashüpfer anlocken, so säe im Frühling eine kleine Blumenwiese aus (kein Gras! – Samentüten dafür gibt es beim Gärtner oder im Baumarkt) und schichte daneben kleine Haufen aus Steinen und Holz. Schon im ersten Sommer wirst du hier viele spannende Krabbeltiere beobachten können!

## So findest du dein Krabbeltier im Buch

Was dir zuerst auffällt, wenn du ein Krabbeltier findest, ist bestimmt, ob es **Beine** hat oder nicht. Hat es gar keine Beine, 6 Beine, 8 Beine oder viel mehr als 8 Beine? Je nach Anzahl der Beine sind die Krabbeltiere in Gruppen eingeteilt, die im Buch eine bestimmte Farbe haben.

Neben der Beinzahl ist die **Größe** ein wichtiges Merkmal zum Bestimmen eines Tieres. Deshalb findest du neben dem Farbbalken immer die Größe des Tieres in Zentimetern.

**Wo kommt das Tier vor?** Manche Krabbeltiere lieben Gewässer, andere trockene, sonnige Wiesen oder schattige Wälder. Die Zeichnung neben dem Foto verrät dir, wo du das Tier finden kannst.

**Felix, der schlaue Fuchs, verrät dir noch mehr:** Sind Libellen gefährlich? Können Heuschrecken stechen? Wo hat die Schnecke ihre Zähne und kneift der Ohrenkneifer wirklich in Ohren?

# Krabbeltiere bestimmen

# Regenwurm

**Typisch** Rosarot und geringelt mit einem dicken Ring.

**Der futtert Tapeten** Regenwürmer sind unermüdlich dabei, Erde zu futtern. Dabei graben sie meterlange Gänge in den Erdboden. Nachts kommen sie an die Oberfläche und ziehen Laub und Gras in ihre Gänge. Das kleistern sie hier an die Wände. Nun müssen sie nur noch warten, bis Pilze und Bakterien ihre Tapeten ein bisschen mürbe gemacht haben. Dann braucht der Regenwurm nicht mal Zähne, um seine nahrhaften Tapeten aufzufressen!

### Bester Bio-Boden

Wo viele Regenwürmer aktiv sind, da sind die Böden von unübertroffener Qualität: Pausenlos durchmischen und durchlüften die Würmer die Erde. Was sie gefuttert haben und wieder ausscheiden, das enthält wertvollste Mineralstoffe.

In guter Erde ist viel Leben!

# Rote Wegschnecke

**Typisch** Schnecke ohne Haus. Rot, orange, braun oder schwarz mit runzeliger Haut.

**Klebrig & zäh** Hast du schon einmal Nacktschnecken mit der Hand gesammelt? Dann weißt du, wie schwierig es ist, hinterher die Hände zu säubern! Denn die Tiere sind von einem sehr zähen, klebrigen Schleim umhüllt, der zudem noch scheußlich schmeckt. Das ist der Grund, warum die meisten Tiere Nacktschnecken lieber in Ruhe lassen. Fühlt sich die Wegschnecke bedroht, zieht sie sich zu einer festen Kugel zusammen.

Perfekt zum Freeclimbing: Schneckenschleim.

### Leicht verwechselt

Die Rote Wegschnecke ist mehr in Wäldern und auf Wiesen zuhause, sie lebt eher selten in Gärten. Findest du eine Nacktschnecke bei dir im Garten, so ist es meist die aus dem Süden stammende, bei uns eingeschleppte Spanische Wegschnecke.

10 – 20 cm

# Tigerschnegel

**Typisch** Schnecke ohne Haus mit dunkler Fleckenzeichnung.

**Echt nützlich!** Tigerschnegel werden häufig mit der Roten Wegschnecke verwechselt und entsprechend von Gärtnern bekämpft, denn Wegschnecken knabbern ja mit Vorliebe Blumen und Gemüse an. Dabei ist der Tigerschnegel viel bescheidener: Er futtert am liebsten welke Pflanzen und den Algenbewuchs von Bäumen. Sehr nützlich: Hat er Appetit auf Fleisch, so fällt er sogar über Wegschnecken her und verspeist sie!

## Da findest du ihn

Tigerschnegel sind vorsichtige Tiere und meist nachts unterwegs. Tagsüber findest du sie in dunklen Verstecken unter Baumstümpfen, Steinen, Bretter- oder Ästehaufen. Nur an feuchten Tagen siehst du den schönen Tiger auch tagsüber herumkriechen.

Schnegel mögen es dunkel und feucht.

# Schließmundschnecke

**Typisch** Hohes, schmales Haus, sitzt oft an Bäumen, Mauern und Felsen.

**Leben im Turm** Schließmundschnecken kannst du an feuchten Tagen häufig auf Bäumen und Mauern entdecken. Hier raspeln sie Algen, Pilze und verwelkte Pflänzchen ab. Wird es ihnen zu trocken, so passen sie mit ihrem schmalen Turmhäuschen perfekt in kleinste feuchte Mauerritzen oder Rindenspalten. Wer in seinem Garten Stein- oder Holzstapel schichtet, schafft gute Lebensräume für die kleinen Schnecken und viele andere Kleintiere.

Nützlicher kleiner Spaltenbewohner.

### Das Geheimnis der fliegenden Schnecke

Endlich haben Wissenschaftler herausbekommen, wie eine bestimmte Art der Schließmundschnecke von einer Insel zu einer rund 9000 km entfernt liegenden anderen Insel gelangt ist: Die Schnecken heften sich einfach an die Beine von Vögeln!

2–3 cm

# Schnirkelschnecke

**Typisch** Gelb, rosa, braun oder dunkelbraun geringelt.

**Immer schön tarnen** Auf einem Spaziergang kannst du ganz unterschiedlich gefärbte Schnirkelschnecken entdecken. Denn je nachdem, wo sie leben, sehen sie anders aus. Auf Wiesen sind sie meist einfarbig und hell, in Hecken geringelt und im Wald eher einfarbig dunkel. Die verschiedenen Farben und Muster tragen sie, um besser getarnt zu sein: Auf der Wiese fallen helle Schnecken am wenigsten auf, im Wald sind die dunkleren besser getarnt.

### Achtung, Vogel!

Schnirkelschnecken müssen sich gut tarnen, um nicht so leicht Beute anderer Tiere zu werden. Besonders bei Vögeln sind sie begehrt, weil diese den Kalk aus dem Schneckenhaus als Baustoff für ihre Eierschalen benötigen.

Schnirkelschnecken tragen viele Farben und Muster.

# Weinbergschnecke

**Typisch** Große, häufige Schnecke mit kräftigem, hellbraunem Haus.

**40 000 Zähne** Weinbergschnecken haben tatsächlich so viele Zähne. Die sitzen bei ihnen aber nicht im Kiefer, sondern auf ihrer Zunge. Damit raspeln sie Blätter wie mit einer groben Feile ab. Im Sommer graben sie eine Erdhöhle, in die sie ihre Eier legen. Nach 3 bis 4 Wochen schlüpfen daraus winzige Schneckenkinder mit durchsichtigen Häuschen. Sie bleiben noch 2 Wochen in der sicheren Höhle, erst dann buddeln sie sich ans Tageslicht.

Ihre Eier legt sie in eine Erdhöhle.

**Tür zu!**

Ist der Sommer heiß und trocken, verzieht sich die Weinbergschnecke einfach in ihr Haus und verschließt den Eingang mit einer Tür aus Kalk. Genauso verbringt sie auch den Winter. In ihrem Haus ist sie vor Feinden und Trockenheit geschützt.

1–2 cm

## Ohrenkneifer

**Typisch** Wurmartige Gestalt mit Kneifzangen am Ende.

**Nützlich im Garten** Ohrenkneifer verstecken sich tagsüber unter Steinen, Blumentöpfen oder Holz. Erst in der Nacht krabbeln sie hervor und machen Jagd auf Raupen und Blattläuse. Daher sind sie bei Gärtnern gern gesehen, auch wenn sie schon einmal zarte Knospen oder Obst anknabbern. Aus einem Tontopf und etwas Holzwolle oder Heu kannst du dem Ohrenkneifer und anderen Nützlingen einen Unterschlupf bauen (Seite 10).

### Kneift er in die Ohren?

Nein, der Name kommt daher, dass man aus den Tieren früher Medizin gegen Ohrenkrankheiten herstellte. Tatsächlich interessieren sich Ohrenkneifer überhaupt nicht für unsere Ohren und sind auch sonst für den Menschen völlig ungefährlich.

So ein Versteck ist schnell gebaut.

## Blaugrüne Mosaikjungfer

**Typisch** Große Libelle mit hübscher Mosaikzeichnung aus schwarzen, grünen und blauen Feldern.

**Nicht nur am Wasser** Libellen sind eng mit dem Wasser verbunden. Schließlich verbringen sie ihre gesamte Kindheit darin! Doch die Blaugrüne Mosaikjungfer siehst du auch oft dicht über Waldwegen oder in Gärten fliegen, hier jagt sie Insekten. Ihre Eier legt sie ans Gewässerufer. Daraus schlüpfen die Larven. Sie leben 2 bis 3 Jahre lang untergetaucht, dann krabbeln sie aus dem Wasser und verwandeln sich in eine fertige Libelle.

Hier findest du noch viele weitere, spannende Libellen!

### Können Libellen stechen?

Libellen sind von Natur aus neugierig und nähern sich uns bis auf wenige Zentimeter. Dabei wollen sie uns nichts tun und auch kein Essen stehlen, das mögen sie nämlich gar nicht. Ganz bestimmt sticht dich eine Libelle niemals – sie hat gar keinen Stachel!

3–4 cm

# Heupferd

**Typisch** Große, grasgrüne Heuschrecke mit langen Flügeln. Singt von Mittags bis Mitternacht.

**Gefährlicher Säbel?** Die weiblichen Heupferde tragen am Hinterleib einen langen, gefährlich aussehenden Säbel. Das ist aber keine Waffe und sie können damit auch nicht stechen! In Wirklichkeit ist es ein Legebohrer, der nur dazu da ist, im Sommer ihre Eier in weichen Erdboden zu legen. Im übernächsten Mai schlüpfen daraus die winzigen Larven. Sie sehen schon aus wie richtige Heupferde – nur kleiner und ohne Flügel und ohne Legebohrer.

Heupferde können sehr gut fliegen.

### Darf man Heupferde anfassen?

Garantiert! Sollte sich mal eines in dein Zimmer verfliegen, was im Sommer nicht selten vorkommt, so lasse es einfach behutsam auf deine Hand krabbeln (bitte nicht quetschen) und trage es wieder hinaus auf die Wiese.

# Feld-Grashüpfer

**Typisch** Häufige, recht kleine Heuschrecke mit spitzem Kopf und mittellangen Fühlern.

**Wiesenhopser** Kaum betrittst du eine Wiese, da hüpft und springt es auch schon zu allen Seiten davon: Grashüpfer sind auf jeder Wiese zu finden! Meist ist es der bräunlich grüne Feld-Grashüpfer, doch es gibt noch viele weitere verschiedene und auch recht bunte Arten, die aber nur in speziellen Lebensräumen wie auf Kiesbänken in Flüssen, in Sümpfen oder auf naturnahen Bergwiesen leben.

Frisch aus der Haut geschlüpft.

**Nix als Gras**

Feld-Grashüpfer mögen, das haben Versuche ergeben, wirklich nichts anderes als Gräser und deren Samen fressen. Deshalb kannst du sie auch gut eine zeitlang im Terrarium halten und beobachten. Nicht vergessen, täglich zu füttern und bald wieder freizusetzen!

2–2,5 cm

# Feldgrille

**Typisch** In warmen Gebieten oft zu hören, aber schwierig zu entdecken.

**Höhlen & Sommermusik** Der Gesang der Grillenmännchen ist laut und deutlich: Du kannst ihn bis zu 100 m weit hören. Willst du den Musikanten aufspüren, so ist das fast unmöglich! Schon beim leisesten Annäherungsversuch verstummt er und zieht sich in seine Höhle zurück. Mit seinem Gesang versucht das Männchen, ein Weibchen herbeizulocken. In lauen Sommernächten erklingt sein Zirpen bis weit in die Nacht hinein.

### Südländer

In trockenwarmen Regionen Süddeutschlands könnte man den Eindruck gewinnen, die Feldgrille sei ein häufiges Insekt. Doch haben viele norddeutsche Kinder tatsächlich noch nie den Grillengesang gehört. Im Norden ist es der Feldgrille zu ungemütlich.

Das Weibchen hat einen langen Legebohrer.

# Maulwurfsgrille

**Typisch** Eine Heuschrecke mit samtweichem Fell und mächtigen Grabschaufeln. Lebt heimlich und unter der Erde.

**Buddeln und futtern** Diese Grille lebt unterirdisch wie ein Maulwurf. Wo die Erde feucht ist, schaufelt sie meterlange Gänge. Dabei vertilgt sie große Mengen Wurzeln von Gräsern, Gemüse und Bäumen, aber auch Insekten. Im Frühling legt das Weibchen Eier in eine kleine Erdhöhle und passt gut darauf auf: Sie beschützt ihr Gelege vor Feinden und leckt jedes Ei regelmäßig sauber. Im Sommer schlüpfen aus den Eiern kleine Larven.

Die Gänge verlaufen kreuz und quer unter der Erde.

**Die fliegt und taucht**

Maulwurfsgrillen können sehr gut fliegen. So fällt es ihnen leicht, neue Lebensräume zu erobern. Werden ihre Gänge von Hochwassern überschwemmt, so macht ihnen das nichts aus: Schwimmen und Tauchen ist für sie kein Problem.

1–3 cm

# Florfliege

**Typisch** Hellgrün und zart, fliegt nur unbeholfen. Flügel in Ruhehaltung dachförmig übereinander gelegt.

**Blattlausjäger** Am auffälligsten sind Florfliegen im Herbst. Dann verkriechen sie sich in kleinsten Ritzen an Fenstern und auf Dachböden, um hier zu überwintern. Im Sommer fliegen sie von Blüte zu Blüte, um hier Pollen und Nektar zu naschen. Die Larven der Florfliege jedoch leben räuberisch und sind deshalb bei Gärtnern und Landwirten beliebt: Genau wie die Larven des Marienkäfers verspeisen sie Unmengen schädlicher Blattläuse!

### Wohin mit gefundenen Florfliegen?

Haben sich Florfliegen im Herbst in euer Haus verirrt? Hier können sie nicht überwintern, denn es ist viel zu warm für die Tiere – sie finden ja keine Nahrung im Haus! Setze sie besser in einen Überwinterungskasten an der Hauswand (Seite 11).

Florfliegenlarven heißen auch „Blattlauslöwen".

# Ameisenlöwe

**Typisch** Verdächtige, trichterförmige Kuhlen im Sand.

**Tückische Fallen** „Ameisenlöwe“ heißt die Larve der libellenähnlichen Ameisenjungfer. Dieser Löwe ist kaum größer als dein Fingernagel und er lauert Ameisen auf. Dazu gräbt er sich eine 2–3 cm tiefe Kuhle im Sand. An deren Grund buddelt er sich selbst ein, bis nur noch seine Zangen herausschauen. Gerät eine Ameise in seinen Trichter, so rutscht sie immer tiefer. Blitzschnell kommt er hervor und packt mit seinen spitzen Zangen zu.

Aus dem Ameisenlöwen wird später die Ameisenjungfer.

**Ameisenjungfer**

Hat der Ameisenlöwe 2 Jahre lang genügend Ameisen gefuttert, so verpuppt er sich schließlich im Sand. Nach wenigen Wochen schlüpft daraus die schöne Ameisenjungfer. Sie ähnelt einer Libelle, fliegt aber nachts und hat längere Fühler.

1 cm

# Feuerwanze

**Typisch** Rot mit schwarzen Punkten und Strichen. Sondern bei Gefahr eine stinkende Flüssigkeit ab.

**Frühlingsboten** An den ersten warmen, sonnigen Tagen im März findest du unter Linden plötzlich ganze Scharen von Feuerwanzen. Sie haben im Erdboden überwintert und kommen nun alle gleichzeitig heraus, um sich zu paaren. Am Boden unter Linden finden sie noch viele kleine, runde Lindenfrüchte vom vergangenen Herbst – das ist ihre erste Frühlingsnahrung.

## Sind Feuerwanzen gefährlich?

Feuerwanzen sehen gefährlich aus – sind es aber nicht. Und sie richten auch keinen Schaden im Garten an. Mit ihrer Warnfärbung zeigen sie hungrigen Vögeln: „Achtung – ich schmecke scheußlich!“ Und das stimmt tatsächlich.

Harmlos: Feuerwanzen bei der Paarung im Frühjahr.

# Streifenwanze

**Typisch** Flach, breit und schwarzrot gestreift.

**Kein Käfer!** Oft werden Wanzen mit Käfern verwechselt. Doch sie sind viel flacher und außerdem tragen sie verborgen unter dem Bauch Stechwerkzeuge! Damit stechen sie je nach Art Pflanzen oder Kleintiere an und saugen sie aus. Manche Raubwanzen können damit aber auch den Menschen ganz schön schmerzhaft stechen, das fühlt sich an wie ein Bienenstich. Die Streifenwanze tut das nicht, sie sitzt meist auf Blütenschirmen und saugt Pflanzensäfte.

Nascht gern Beeren:
die Grüne Stinkwanze.

### Widerliche Beeren

Hast du schon einmal eine Himbeere vom Strauch gepflückt, die absolut widerlich und bitter geschmeckt hat? Dann war vor dir bestimmt eine Grüne Stinkwanze da. Wo sie eine Frucht angestochen und gesaugt hat, hinterlässt sie einen ekligen Geschmack.

0,5 cm

# Schaumzikade

**Typisch** Hält die Flügel dachförmig, baut merkwürdige Schaumnester im Frühling.

**Kuckucksspucke** Im Frühling findest du auf Wiesen häufig solche schaumigen Gebilde, als hätte jemand auf das Gras gespuckt. Früher glaubte man, das sei der Kuckuck gewesen, der ja um diese Zeit aus Afrika zu uns heimkehrt. In Wahrheit lebt in dem Schaum die Larve der Schaumzikade. Sie stellt den Schaum selbst her, indem sie Wasser und Eiweiße auspresst. Ihr Schaumnest schützt sie vor Feinden und sorgt für das richtige Wohnklima.

**Wie weit springt sie?**

Schaumzikaden zu fangen ist sehr schwierig. Denn mit einem einzigen Satz können sie mehr als das Hundertfache ihrer Körperlänge weit springen. Wollte ein Mensch das schaffen, so müsste er rund 200 Meter mit einem Satz schaffen.

So sieht eine erwachsene Schaumzikade aus.

# Lederlaufkäfer

**Typisch** Großer, schwarzer Käfer, der nicht fliegen kann.

**Räuber der Nacht** Tagsüber findest du den Lederlaufkäfer in Verstecken unter Steinen, Holz oder dicken Moospolstern. Erst in der Dämmerung krabbelt er hervor und geht auf Raubzüge am Waldboden. Hier findet er Insektenlarven, Schnecken und Würmer. Er frisst aber auch Aas oder Früchte. Manchmal verirrt sich ein Lederlaufkäfer in Kellerräume. Er ist aber kein Schädling. Bitte setze ihn in einen Becher und bringe ihn hinaus ins Freie.

Grüngolden glänzt der Goldlaufkäfer.

**Schillernder Tagräuber**

Ein naher Verwandter ist der etwas kleinere Goldlaufkäfer. Er ist auch bei Tage aktiv und du kannst ihn häufig im Garten oder am Wegrand beobachten. Auf Kartoffeläckern ist er gern gesehen, denn er frisst hier den schädlichen Kartoffelkäfer.

1–2 cm

# Totengräber

**Typisch** Schwarzer Käfer mit welligen, orangegelben Streifen.

**Beerdigungsinstitut im Wald** Diese Käfer sorgen dafür, dass keine toten Kleintiere im Wald herumliegen. Haben sie eines erschnuppert, so buddeln Männchen und Weibchen so lange gemeinsam, bis es nach und nach im Erdboden versinkt. Das tun die Käfer natürlich nicht einfach so: Sie brauchen das tote Tier als Nahrung für ihren Nachwuchs. Zum Schluss gräbt das Weibchen eine kleine Kammer neben dem Aas. Dort hinein legt sie ihre Eier.

### Weltrekord: die beste Käfermama

Dieser Käfermutter genügt es nicht, ihren Kindern das Essen bereitzustellen: Sie wartet so lange bei den Eiern, bis die Larven schlüpfen. Dann zerkaut sie das Aas, bis es zu Brei wird und verfüttert es an ihre winzigen Larven.

Eine tote Maus wird von den Käfern beerdigt.

# Ölkäfer

**Typisch** Plumper, schwarzer Käfer mit Stummelflügeln und dickem Hinterteil.

**Achtung: Sehr giftig!** Wer so plump und unbeholfen daherkommt, der muss sich etwas Gutes ausdenken, um nicht zur leichten Beute für Vögel zu werden. Der Ölkäfer sondert bei Bedrohung eine gelbe, ölige Flüssigkeit aus seinen Beingelenken ab. Diese enthält ein hochwirksames, sehr bitteres Gift, das stark schmerzt, wenn es zum Beispiel in die Augen gelangt. Deshalb solltest du keinesfalls einen Ölkäfer anfassen!

Diese gelbe Flüssigkeit ist ein starkes Gift.

### Der Tod für Pferde

In Amerika lebt der Ölkäfer gern in Luzernewiesen, aus denen Heu gewonnen wird. Immer wieder kommt es bei Pferden, die dieses Heu fressen, zu starken Vergiftungen und zu Todesfällen, denn der Käfer ist auch in getrocknetem Zustand hochgiftig!

1 cm

# Glühwürmchen

**Typisch** Männchen leuchten in Sommernächten, Weibchen haben keine Flügel.

**Mit eingebauter Taschenlampe** Im Juni kannst du an Waldrändern, in Büschen und hohem Gras ein geheimnisvolles Blinken entdecken. Das sind umherfliegende Käfermännchen auf der Suche nach einem Weibchen. Diese sitzen an Grashalmen und krümmen ihren Hinterleib mit dem Leuchtfeld nach oben: „Hier bin ich!" Fliegen kann das Weibchen nicht, denn es hat nur kurze Flügelstummel. So kam es zu dem Namen „Würmchen". Treffender ist der Name „Leuchtkäfer".

### Warum leuchten sie?

Das Leuchten brauchen die Käfer, um einen Partner zu finden – rufen können sie ja nicht. Bei Tage speichern sie Licht in einem weißen Bauchfeld. Erst in der Dämmerung geben sie diese gespeicherte Energie nach und nach wieder ab.

Glühwürmchen-Hochzeitsflug.

# Soldatenkäfer

**Typisch** Langgestreckter, recht flacher Käfer mit typischem roten Halsschild mit schwarzem Fleck in der Mitte, Flügeldecken schwarz.

**Sommerkäfer** Sehr häufiger Käfer, den du an schönen Sommertagen oft auf Blüten von Wiesenblumen beobachten kannst. Hier macht er Jagd auf andere Insekten, er nascht aber auch gern Blütenpollen und knabbert frisches Grünzug. Weil er nicht sehr wählerisch ist, kommt dieser Käfer fast überall vor. Als Abwehr gegen Feinde sondert er aus den Beinen eine bittere Flüssigkeit ab.

Im Flug ist sein weicher, roter Hinterleib zu sehen.

### Ein Soldat, der nicht kämpft

Dieser Käfer heißt „Soldatenkäfer", weil seine schwarzrote „Uniform" der Kleidung ähnelt, die Soldaten früher trugen. Als in Europa Krieg herrschte, da nannte man ihn in Deutschland deshalb „Franzose" und in Frankreich „Preuße".

0,5 cm

# Siebenpunkt-Marienkäfer

**Typisch** Orangerote Halbkugel mit 7 schwarzen Punkten, überall häufig.

**Glücksbringer** Im Frühling legen Marienkäfer gelbe Eiklümpchen an Pflanzenstängel. Daraus schlüpfen nach einer Woche die stacheligen Larven. Sie futtern viele schädliche Läuse von den Pflanzen. Deshalb gelten Marienkäfer bei Gärtnern auch als Glückskäfer! Im Sommer verwandelt sich die Larve in eine Puppe. Daraus schlüpft der fertige Käfer. Er überwintert gern in Häusern oder Schuppen.

**Wie alt bist du?**

Die Anzahl schwarzer Punkte hat nichts mit dem Alter eines Marienkäfers zu tun! Der Siebenpunkt hat immer genau 7 Punkte. Es gibt übrigens auch einen Zweipunkt- und einen Vierzehnpunkt-Marienkäfer. Meist werden sie alle nicht älter als 1 Jahr.

Eine einzige Larve verspeist Hunderte Blattläuse.

# Asiatischer Marienkäfer

**Typisch** Etwas kräftiger als unser heimischer Siebenpunkt. Sehr variabel gezeichnet, aber immer mit einem schwarzen „W“ auf dem Kopf.

**Böser Neubürger?** Ende des 20. Jahrhunderts brachten wir selbst diese Marienkäfer-Art aus Japan und China nach Europa. Hier wurde er in Gewächshäusern ausgesetzt, um die Gemüsepflanzen von Läusen freizuhalten. Denn der Asiatische Marienkäfer futtert davon Unmengen! Schnell breitete sich der Käfer aber auch in freier Natur aus. Ob er hier Schaden anrichtet, ist noch nicht zu sagen.

Typisch ist das schwarze „W“ auf dem Kopf.

### Marienkäfer-Massen

Jedes Jahr im Herbst sammeln sich Marienkäfer, um gemeinsam in einem frostfreien Versteck zu überwintern. Gern suchen sie auch geschützte Nischen an Häusern auf. Die Tierchen richten hier keinen Schaden an, sie wollen nur ungestört den Winter verschlafen.

1–2 cm

# Mistkäfer

**Typisch** Schwarzblau glänzender, rundlicher Käfer, der Mistkugeln rollt.

**Kinderzimmer mit Naschkram** Waldmistkäfer sind berühmt für ihre Brutfürsorge: Oft kannst du beobachten, wie sie Gänge in den Waldboden graben. Anschließend marschieren sie zum nächsten Kothaufen und formen daraus Kotbälle. Diese rollen sie in ihre Gänge und legen Eier hinein. Aus den Eiern schlüpfen die wurmähnlichen Larven („Engerlinge"). Sie futtern dabei nach und nach die Vorräte an Mist auf, die ihre Eltern für sie angelegt haben.

### Ein Jahr unter der Erde

Die Larve bleibt fast ein Jahr lang unter der Erde und tut hier nichts anderes, als Mist futtern. Herauszukommen wäre für sie auch viel zu gefährlich, denn sie kann sich nur langsam und ungeschickt bewegen und wäre so eine leichte Beute für Vögel.

Eine Kugel aus Mist für den Nachwuchs.

# Maikäfer

**Typisch** Rotbraun mit schwarzem Kopf und Halsschild.

**Pünktlich im Mai** Im Frühjahr schlüpfen die Maikäfer aus der Erde. Sie fliegen auf Laubbäume, um hier frische, grüne Blätter zu futtern. 3 oder sogar 4 Jahre lang haben sie als Larve („Engerling") unterirdisch gelebt und sich dabei nur von Pflanzenwurzeln ernährt. Das Leben als Käfer ist vergleichsweise kurz, es dauert nur 4 Wochen lang. In dieser Zeit findet die Paarung statt und das Weibchen legt seine Eier in weichen Erdboden.

Die meiste Zeit verbringen Maikäfer unter der Erde.

### Maikäfer statt Lollis

In manchen Jahren kommt es zu Massenvermehrungen des Maikäfers. Dann spricht man von „Maikäferjahren". In solchen Jahren bekamen früher nicht nur die Hühner Maikäfer als Futter: Für Kinder wurden die Käfer geröstet und mit Zucker überzogen. Echt wahr!

1,5 – 2 cm

# Rosenkäfer

**Typisch** Häufiger, goldgrün glänzender Käfer.

**Mit Ritterrüstung** Der Rosenkäfer ist von einem stabilen Panzer umgeben. Seine Vorderflügel sind miteinander verwachsen und bilden so ein festes Rückenschild. Darum ist dieser Käfer für Vögel nicht leicht zu knacken! Fliegen kann er trotzdem sehr gut: Dazu schiebt er einfach seine dünnen, zarten Hinterflügel durch Seitenschlitze unter dem Rückenpanzer hervor. Die Larve des Rosenkäfers lebt gern in Komposthaufen und in morschen Baumstümpfen.

### Keine Angst vor Räubern

Gut geschützt in seiner Ritterrüstung kann es sich der Rosenkäfer erlauben, bei hellem Sonnenschein auffällig von Blüte zu Blüte zu fliegen, in aller Ruhe darauf zu landen und genüsslich Pollen zu schlecken. Dabei lässt er sich kaum stören.

Rosenkäfer können sehr gut fliegen.

# Hirschkäfer

**Typisch** Größter europäischer Käfer, Männchen mit typischem „Hirschgeweih".

**Bitte nicht aufräumen!** Hirschkäfer lebten früher nahezu in jedem Wald. Heute finden wir sie nur noch in Eichen-Urwäldern. Unsere Wälder sind einfach zu aufgeräumt: Hier gibt es kaum noch altes, morsches Holz, in dem die Hirschkäfer-Larve sich entwickeln kann. 3 bis 5 Jahre lang futtert sie sich durchs Holz und wird bis zu 11 cm lang. Der Käfer lebt nicht länger als 4 Wochen. Zeit genug, sich zu paaren und seine Eier in mürbe Stämme zu legen.

Hirschkäfer-Männchen kämpfen mit ihren Geweihen.

**Wozu trägst du ein Geweih?**

Mit dem Geweih kämpfen die Männchen um die Weibchen. Wirklich kneifen können sie damit nicht, aber gut rangeln und schubsen. Bei der Aufnahme von Nahrung stört das Geweih eher. Deshalb füttern die Hirschkäfer-Weibchen oft die Männchen.

1,5 – 3,5 cm

# Moschusbock

**Typisch** Schlank, metallisch goldgrün oder kupferfarben. Mit langen, sehr kräftigen Fühlern.

**Gern am Wasser** Von Juni bis August kannst du den Moschusbock in Gewässernähe beobachten, nicht selten auf großen Blütendolden. Hier kann der kräftige Käfer gut landen und findet, was er am liebsten futtert: Blütenpollen und Nektar. Seine unscheinbaren, wurmähnlichen Larven leben 2 bis 3 Jahre in morschem Weichholz am Gewässerufer wie zum Beispiel an Weiden, Pappeln oder an Erlen.

### Käferparfum

Der Moschusbock ist berühmt wegen seines Moschus-Parfums, das er selber herstellt. An seiner hinteren Brust befindet sich eine Drüse, aus der er diesen wundervollen Duftstoff abgeben kann. Früher benutzte man den zur Parfumierung von Pfeifentabak.

Lebensraum des gefährdeten Moschusbocks.

# Schmalbock

**Typisch** Schwarzgelb gestreift wie eine Wespe. Sogar die langen Fühler sind schwarzgelb geringelt.

**Wespe oder Käfer?** Auf den ersten Blick könnte man diesen Käfer wirklich für eine Wespe halten. Das ist gut für den Käfer, denn darum lassen ihn die meisten Vögel lieber in Ruhe! Dabei ist er wirklich nur ein ganz und gar harmloses Tierchen. Du kannst ihn zwischen Juni und August häufig auf Blüten beobachten, denn er ernährt sich von Blütenpollen und von Nektar.

Bockkäfer-Larven sehen eher aus wie weißliche Würmer.

### Morsches Holz gesucht

Ebenso wichtig wie blühende Waldränder und Wiesen ist für den Schmalbock morsches Holz von Laubbäumen und -sträuchern. Denn dort hinein legt das Weibchen seine Eier. Die Larve futtert tatsächlich nichts anderes als morsches Holz.

1 cm

# Kartoffelkäfer

**Typisch** Auffallend hübscher Käfer: Flügel gelbschwarz gestreift, Kopf und Hals orange mit schwarzen Punkten.

**Mag keine Pommes** Der Kartoffelkäfer liebt Kartoffeln über alles! Doch er mag nicht wie wir Pommes, Chips oder Kartoffelbrei, die Kartoffeln selbst rührt er gar nicht an. Er und seine Larven essen einfach nur gern Kartoffelblätter. Doch wenn sie zu viele davon essen, kann die Kartoffelpflanze nicht überleben. So haben hungrige Kartoffelkäfer schon die Kartoffelernte ganzer Landstriche vernichtet.

**Eingeschleppt**

Die Heimat des Kartoffelkäfers ist Nordamerika. Von hier gelangte er im 19. Jahrhundert mit Handelsschiffen auch nach Europa. Und weil es bei uns keine Tiere gab, die ihn essen mochten, konnte er sich schnell massenhaft ausbreiten und zur Plage werden.

Kartoffelkäfer und ihre Larven futtern Kartoffelblätter.

# Buchdrucker

**Typisch** Muster unter der Rinde. Befallene Bäume erkennst du schon von außen am herausrieselnden Bohrmehl.

**Gefürchteter Waldschädling** Der Buchdrucker ist einer von mehreren gefürchteten Borkenkäfern. Diese Käferchen sind nicht größer als dein kleiner Fingernagel und können doch ganze Fichtenwälder vernichten. Das typische Muster unter der Rinde entsteht durch ihre Fraßtätigkeit: Mutter Käfer legt ihre Eier in den bis 15 cm langen Fraßgang im Baumstamm, ihre Larven essen sich dann rechts und links davon ins Holz hinein.

Buchdrucker knabbern Gänge in Fichtenstämme.

### Gut geschützt: artenreiche Wälder

Wo ein Wald nur aus einer Baumart wie der Fichte besteht, haben Schädlinge wie der Buchdrucker es leicht, in kurzer Zeit einen ganzen Wald zu schwächen. In Wäldern aus vielen verschiedenen Baumarten unterschiedlichen Alters kann so etwas nicht geschehen.

0,5 – 1 cm

# Grünrüssler

**Typisch** Metallisch grüner, länglicher Käfer mit merkwürdigem Rüssel, an dessen Ende die Fühler sitzen. Die Larve ist wurmartig und lebt in der Erde oder in Pflanzenstängeln.

**Nix als Blätter** Die kleinen Rüsselkäfer futtern ihr Leben lang nichts als Grünzeug. Als erwachsene Käfer bevorzugen sie Blätter, als Larve speisen sie in den Stängeln oder knabbern Wurzeln an. Bei Gärtnern und Landwirten sind sie deshalb nicht sehr beliebt. Doch manche Rüsselkäfer werden auch gezielt gezüchtet und ausgesetzt, weil sie nur ganz bestimmte Unkräuter mögen.

### Retter in der Not

In Südafrika haben die Menschen Probleme mit einem wuchernden Wasserfarn. Er verstopft Gewässer und das Weidevieh ertrinkt, weil es glaubt, der Teich wäre eine Wiese. Hier wird mit Erfolg ein Rüsselkäfer ausgesetzt, der nur eins mag: Wasserfarne!

Manche Grünrüssler mögen nur Wasserpflanzen!

# Skorpionsfliege

**Typisch** Fliege mit Vogelschnabel (heißt auch „Schnabelfliege“), die Männchen mit Skorpionsstachel. Flügel dunkel gefleckt.

**Wie gefährlich bist Du?** Die Skorpionsfliege ist ein Räuber. Sie lebt davon, geschwächte Insekten anzustechen und auszusaugen und ist dafür bekannt, dass sie gern Beute aus Spinnennetzen stiehlt. Für uns Menschen ist sie aber nicht gefährlich. Versuche trotzdem nicht, eine zu fangen, denn dann geben die Fliegen einen stinkenden Saft ab und das Männchen versucht, Angreifer mit seiner Zange zu zwicken.

Das Weibchen hat keinen Skorpionsstachel.

### Wozu ist dein Stachelschwanz?

Nur das Männchen hat so einen Stachelschwanz. Aber stechen kann es damit nicht! Der Schwanz ist nur eine Zange, mit der es das Weibchen bei der Paarung umklammert hält. Vor der Paarung entströmen daraus verführerische Lockstoffe.

 1–1,5 cm

# Stechmücke

**Typisch** Insekt, dessen Stich juckende Quaddeln hinterlässt. Besonders aktiv in der Dämmerung.

**Lästige Weibchen** Stechmücken haben viele Namen: In manchen Regionen nennt man sie „Gelse“ oder „Schnake“, in anderen „Moskito“. Die Weibchen der Stechmücken haben stechende Mundwerkzeuge ausgebildet, denn zur Entwicklung ihrer Eier benötigen sie Blutmahlzeiten. Mit ihrem Stich spritzen sie einen Stoff in unsere Haut, der die Blutgerinnung hemmt. Dieser Stoff sorgt auch für die juckenden Quaddeln nach einem Mückenstich.

## Immer am Wasser

Ihre Eier legen die Weibchen aufs Wasser oder in feuchte Erde. Dazu genügen ihnen auch winzige Pfützen. Aus den Eiern schlüpfen bald die Mückenlarven. Sie hängen kopfüber an der Wasseroberfläche. Bei Gefahr tauchen sie blitzschnell ab.

Mückenlarven hängen an der Wasseroberfläche.

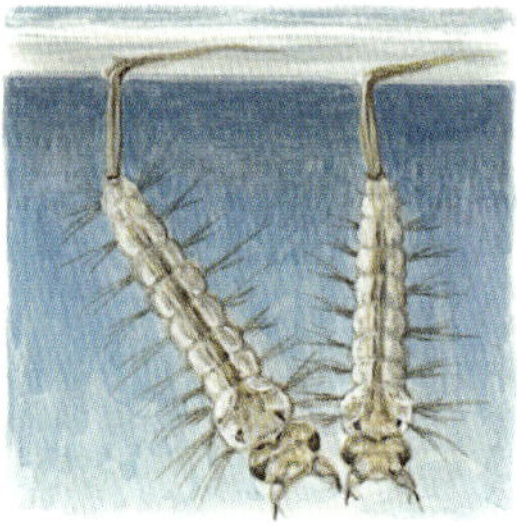

# Schnake

**Typisch** Sieht aus wie eine Riesenmücke mit sehr langen Beinen und gefleckten Flügeln.

**Schneider oder Schuster?** Schnaken haben im Volksmund sehr viele Namen: Manche bezeichnen sie als „Riesenmücken“ oder „Gelsen“, andere als „Schneider“ oder „Schuster“. Meist handelt es sich dabei um Verwechslungen mit dem ebenfalls sehr langbeinigen Weberknecht, der aber zu den Spinnentieren zählt. Schnaken sind zwar eine Art Mücken, können im Gegensatz zur Stechmücke aber nicht stechen! Sie trinken nur Blütennektar.

Die Larve lebt in der Erde und im Schlamm.

## Nur verflogen

Schnaken werden in der Abenddämmerung magisch von Licht angezogen. So verirren sie sich häufig in unsere Häuser. Keine Sorge: Sie wollen uns nicht stechen – sie haben nicht einmal einen Stachel! Bitte setze die Schnake behutsam wieder ins Freie.

1 cm

# Regenbremse

**Typisch** Fliege mit schillernden Augen, die schmerzhaft sticht und juckende Quaddeln hinterlässt. Am liebsten in Gewässernähe.

**Fiese Flieger** Bremsen mögen Feuchtigkeit, deshalb sind sie an schwülwarmen Tagen besonders aktiv – und an Badestellen am See. Solange die Haut verschwitzt ist oder noch feucht vom Baden, stechen sie besonders gern zu. Gemein: Sie nähern sich fast geräuschlos und landen gern da, wo wir sie nicht sofort bemerken, wie an der Unterseite unserer Arme oder Beine. Ihr Stich ist schmerzhaft und hinterlässt juckende Quaddeln.

**Das war ein Weibchen!**

Hat Dich eine Bremse erwischt? Dann war es ganz bestimmt ein Weibchen. Denn nur sie brauchen Blutmahlzeiten, damit sich die Eier in ihrem Körper entwickeln können. Bremsen-Männchen sind allesamt harmlose Blütenbesucher.

Hier hat eine Bremse zugestochen.

# Stubenfliege

**Typisch** Fliege mit roten Augen, die Maden sind weißlich und werden bis 1 cm lang. In Tierkadavern befinden sich oft sehr viele Fliegenmaden.

**Überträger von Krankheiten** Stubenfliegen legen ihre Eier in Aas, Tiermist und faulige Stoffe. Denn davon ernähren sich ihre Larven, die Fliegenmaden. Landet eine Stubenfliege hinterher auf Nahrungsmitteln, so kann sie durch an ihren Füßen haftende Bakterien zahlreiche Krankheiten und Würmer übertragen. Deshalb solltest du nicht erlauben, dass Fliegen auf deinem Essen landen!

Die Maden der Stubenfliegen sehen aus wie weiße Würmer.

### Die spucken aufs Essen

Was du bei Tisch vermutlich nicht darfst, ist bei Stubenfliegen ganz normal: Sie spucken auf das, was sie essen wollen. Warum sie das tun? So löst sich feste Nahrung wie Zucker auf und sie können den Brei mit ihrem Saugrüssel aufschlecken.

1–1,5 cm

# Hummelschweber

**Typisch** Pelzig behaart mit nach vorn ausgestrecktem, langem Rüssel.

**Mini-Kolibri** Schon im März siehst du oft die wollig behaarten Hummelschweber im sirrenden Flug vor Blüten in der Luft stehen. Sie landen nicht darauf, sondern strecken im Flug ihren langen Rüssel in die Blüte, um damit Blütennektar und Pollen aufzunehmen. Obwohl sie aussehen wie Hummeln und sich verhalten wie Kolibris, sind sie weder das eine noch das andere: Wollschweber sind einfach puschelig angezogene Fliegen!

**Kannst du stechen?**

Zugegeben: ihr langer Rüssel sieht dolchartig und nicht ungefährlich aus. Er ist aber wirklich nur dazu geeignet, Nahrung aufzunehmen. Genau wie unsere Stubenfliege ist der Hummelschweber völlig harmlos: er hat überhaupt keinen Stachel!

Steht im Flug vor der Blüte wie ein Kolibri.

# Schwebfliege

**Typisch** Sieht aus wie eine Wespe – ist aber keine!

**Schaf im Wolfspelz** Mit ihren Streifen tun Schwebfliegen so, als seien sie Wespen. So sind sie vor Fressfeinden sicher. Dabei sind Schwebfliegen völlig harmlos – sie können überhaupt nicht stechen! Den Unterschied zu Wespen erkennst du im Flug: Schwebfliegen „stehen“ oft wie Hubschrauber in der Luft vor Blüten und haben nur 1 Flügelpaar (Wespen haben 2 Flügelpaare), außerdem viel größere Augen und viel kürzere Fühler als Wespen. Sie werden niemals lästig, sondern mögen nur Blütenpollen und Nektar.

Typisch: Schwebfliegen sind Blütenbesucher.

### Sehr nützlich im Garten

Schwebfliegen-Weibchen legen ihre vielen hundert Eier auf Blattlaus-Kolonien ab. Ihre Larven vertilgen pro Tag bis zu 100 Läuse. So sind Schwebfliegen hilfreiche Nützlinge im Garten. Bio-Landwirte setzen deshalb Schwebfliegen in ihre Gewächshäuser.

0,5 – 1 cm

# Waldameise

**Typisch** Kräftige, schwarzrote Ameise. Der Ameisenhügel im Wald kann über 1 m hoch werden.

**Ritterburg im Wald** Ein Ameisenhügel funktioniert wie eine riesige Ritterfestung, in der bis zu 2 Millionen Ameisen leben können. Jede hat hier eine Aufgabe. Es gibt Königinnen, Jäger, Kindergärtner und viele Ritter, die nahende Angreifer mit Ameisensäure bespritzen.
Rote Waldameisen sind sehr nützlich, denn sie vertilgen schädliche Waldinsekten.

## Zaubertrick mit Ameisensäure

Wie du aus einer blauen Blüte im Wald eine rosafarbene zauberst? Ganz einfach: Zupfe eine Blüte ab und wirf sie auf einen Ameisenhügel. Die Ameisen bespritzen ihren „Feind" mit Säure – so wird aus Blau oder Lila im Nu Rosa.

So verspritzt die Rote Waldameise ihr Gift.

# Wiesenameise

**Typisch** Klein und blassgelb, lebt nur unterirdisch. Auffällig sind aber ihre großen, grasbewachsenen Ameisenhügel auf der Wiese!

**Honigtau und Läuse** Auf diesen grasbewachsenen Ameisenhügeln sieht man fast nie eine einzige Ameise – und man entdeckt auch keine Ein- oder Ausgänge. Denn die Wiesenameisen kommen fast nie ans Tageslicht! Ihre Nahrung finden sie unter der Erde: Hier leben winzige Läuse an den Wurzeln der Gräser. Diese Läuse scheiden süße Honigtropfen aus – das ist die Hauptnahrung der Ameisen.

Typische Hügel der Wiesenameise.

### Ameisenhochzeit

Im Sommer schlüpfen aus bestimmten Eiern geflügelte Ameisenmännchen und -weibchen. Sie schwärmen aus und paaren sich. Die befruchteten Weibchen sind die jungen Königinnen und gründen einen neuen Ameisenstaat auf der Wiese.

1–2 cm

# Wespe

**Typisch** Schwarzgelb gestreift mit Wespentaille. Kann sehr lästig werden und sticht, wenn sie sich bedroht fühlt.

**Leben im Staat** Im April erwacht die Wespenkönigin aus ihrer Winterstarre und trinkt sich erst einmal mit Blütennektar voll. Dann beginnt sie, aus zerkautem, morschem Holz ein Nest mit mehreren Brutzellen zu bauen. Aus den Eiern, die sie hineinlegt, schlüpfen ihre ersten Arbeiterinnen. Das sind Weibchen, die keine Eier legen können. Sie haben nur die Aufgabe, die weiteren Eier und Larven der Königin zu versorgen.

### Wie wird man Königin?

Erst spät im Sommer legt die Königin Eier, aus denen Weibchen und Männchen schlüpfen, die Kinder bekommen können. Diese verpaaren sich. Die befruchteten Weibchen überleben den Winter und werden im nächsten Frühjahr die neuen Königinnen sein.

Blick in die Wabe mit Arbeiterinnen, Königin und Larven.

# Hornisse

**Typisch** Wie eine sehr große Wespe, jedoch haben Hornissen es nicht auf Limonade und Kuchen abgesehen: Sie erbeuten Insekten oder naschen Fallobst!

**Wie gefährlich seid ihr?** Weil Hornissen so groß sind, haben viele Menschen Angst vor ihnen. Tatsächlich ist ihr Stich aber nicht schlimmer oder gefährlicher als ein normaler Wespenstich! Hornissen bauen ihr Nest, indem sie Holz abraspeln und zerkauen. Aus diesem Brei kleistern sie ein Nest aus Papier an einem geschützten Platz wie in hohlen Bäumen, aber auch auf Dachböden oder in Vogel-Nistkästen.

So sieht es in einem Hornissennest aus.

**Aufgepasst am Fallobst!**

Hornissen knabbern gern an der Unterseite von Fallobst herum. Bevor du solches Obst aufsammelst, schau immer genau, ob nicht eine Hornisse dort sitzt. So friedlich die Tiere auch sind: Geraten sie in Bedrängnis, so können auch sie zustechen.

1 cm

# Mauerbiene

**Typisch** Wie eine kleine Hummel, liebt Schlupflöcher in Mauern oder Dächern.

**Jedem Kind sein eigenes Zimmer** Mauerbienen brauchen Ritzen in Wänden oder hohle Stängel, in die sie hineinkriechen können. Hier hinein bauen sie für jedes ihrer Eier ein eigenes Zimmerchen: Erst wird Nektar eingebracht, dann Pollen und schließlich das Ei gelegt. Nun wird die Kammer mit Lehm verschlossen und das nächste Kinderzimmer direkt davor gebaut. Im nächsten Frühjahr schlüpfen die fertigen Mauerbienen nacheinander aus ihren Kammern.

### So kannst du helfen

Unsere modernen Häuser bieten der Mauerbiene leider nur noch wenige Verstecke. Möchtest du ihr und ihren Wildbienen-Freunden helfen? Dann bau ihnen doch einfach einen Unterschlupf. Das ist ganz einfach – schau doch mal auf Seite 10.

Mauerbienen-Kinder in einer durchsichtigen Nisthilfe.

# Honigbiene

**Typisch** Bräunliche, eher unscheinbare Biene.

**Sie bringt unseren Honig** Honigbienen bilden riesige Staaten, in denen 40 000 bis 60 000 Tiere leben können. Ihre Nester (Waben) fügen sie aus vielen tausend Zellen aus Wachs zusammen. In einem Teil der Waben wachsen ihre Larven auf, andere Teile dienen dazu, Honig- und Pollenvorräte für schlechte Zeiten einzulagern. Den Honig bilden Bienen aus Blütennektar, dem noch bestimmte Stoffe aus ihren Drüsen beigefügt werden.

Das Nest besteht aus vielen sechseckigen Brutzellen.

### Mächtig: Das Zeichen der Biene

Schon die alten Ägypter erkannten vor 4000 Jahren, dass Bienen äußerst nützliche Haustiere sind, und viele hielten sich Bienen zur Honiggewinnung. Das Zeichen der Biene galt als Machtzeichen für die Herrschaft ihres Königs, des Pharaonen.

1–2 cm

# Gartenhummel

**Typisch** Dicker Pelz, weißes Hinterteil und 3 leuchtend gelbe Streifen.

**Königin sucht Zuhause** Früh im März siehst du große Hummeln von Blüte zu Blüte fliegen. Jede davon ist eine echte Königin, die sich nach dem langen Winter ohne Nahrung erst einmal stärken muss. Oft siehst du sie in Ritzen im Erdboden verschwinden: Sie ist auf der Suche nach einer geschützten Höhle, in der sie ihr Nest bauen und Eier legen kann. Daraus schlüpfen die Arbeiterinnen. Sie sind mit 1 cm nur halb so groß wie die Königin.

## Schau mir auf den Popo

Hummeln lassen sich am besten an der Farbe ihres Hinterteils voneinander unterscheiden: Bei Garten- und Erdhummel ist er weiß, bei Wiesen- und Steinhummel richtig leuchtend orange und bei der Ackerhummel gräulich-schwarz oder braun.

Links Erdhummel, oben Steinhummel, unten Ackerhummel.

# Holzschlupfwespe

**Typisch** Schlank mit eingeschnürter Taille, sehr langen Fühlern und mehr als körperlangem Legebohrer.

**Aufgespürt!** Mit ihren langen Fühlern tastet die Holzschlupfwespe ausdauernd Fichtenstämme ab. Plötzlich beginnt sie, ihren 3,5 cm langen Legestachel ins Holz zu bohren: Sie hat eine tief im Holz lebende Bockkäferlarve aufgespürt! Langsam bohrt sie ihren haarfeinen Stachel durchs Holz und legt ihr Ei auf der Käferlarve ab. Wenn ihre eigene Larve schlüpft, dient ihr die Käferlarve als Nahrung.

Die Holzschlupfwespe hat eine Larve im Holz aufgespürt.

### Sind Schlupfwespen gefährlich?

Nein, die Holzschlupfwespe ist absolut harmlos und du darfst sie ruhig aus der Nähe beobachten. Ihr „Stachel" ist ja ein Legebohrer und enthält kein Gift. Er ist ausschließlich dazu da, Eier zu legen kann sich nur sehr, sehr langsam durch Holz bohren.

0,3 – 0,4 cm

# Eichengallwespe

**Typisch** Kleine, unscheinbare Wespe. Der Gallapfel an der Unterseite von Eichenblättern ist bis 2 cm groß, erst grün, später gelb-rot.

**Leben im Mini-Apfel** Im November, wenn die Eichen ihr Laub abgeworfen haben, findest du am Falllaub oft solche Mini-Äpfel. In jedem dieser Galläpfel lebt eine Larve der Eichengallwespe. Das Weibchen hat seine Eier in die Blattadern an der Unterseite des Eichenblatts gestochen. Nach der Eiablage bildet sich um das Ei herum die Galle.

### Was schlüpft denn da?

Nimm 2 oder 3 Blätter mit Galläpfeln mit nach Hause und lege sie in ein leeres, sauberes Marmeladenglas. Mit Gaze zudecken und hin und wieder mit etwas Wasser besprühen. Noch in diesem Winter schlüpft daraus die (ungefährliche) Eichengallwespe.

Frisch geschlüpft: Eichengallwespe an ihrem „Apfel“.

# Rosengallwespe

**Typisch** Struppige Puschel an Rosensträuchern. Darin wächst die kleine Wespe heran.

**Wilde Perücken am Rosenstrauch** „Rosengalle" nennt man diese Gebilde, die erst im Winter richtig auffallen, wenn der Rosenstrauch seine Blätter abgeworfen hat. Diese Puschel beginnen zu wuchern, wenn im Frühjahr die Rosengallwespe ihre Eier in eine Rosenknospe sticht und ihre Larven an der Knospe knabbern. Nach und nach wuchert die Rosengalle um sie herum. Ein Jahr später, im nächsten Mai, schlüpfen daraus die kleinen Rosengallwespen.

Die Rosengallwespe sticht ihre Eier in Rosenknospen.

### Zauberkugeln aus dem Mittelalter

„Schlafäpfel" nannten die Menschen im Mittelalter die wunderlichen Rosengallen, deren Herkunft sie nicht kannten. Sie glaubten fest daran, dass diese „Zauberkugeln" unter dem Kopfkissen verhexte Menschen und weinende Kinder beruhigen.

4–6 cm

# Eichenspanner

**Typisch** Falter sehr unscheinbar, Raupe bis 5 cm groß, getarnt als kleiner, knorriger Zweig. Lebt hauptsächlich in Eichen- und Buchenwäldern.

**Spannerraupe** Der Eichenspanner wurde nach der Fortbewegungsweise seiner Raupe benannt, die nur vorn und hinten am Körper Beine besitzt: Zuerst klammert sie sich mit ihren Brustbeinen fest, dann zieht sie den Hinterleib bis zur Brust heran um sich schließlich wieder ganz auszustrecken. So „überspannt“ sie mit ihrem Körper immer einen Teil der Wegstrecke. Ist sie nicht in Bewegung, so ist die hervorragend getarnte Raupe kaum zu finden.

### Baumkronen und Disteln

Tagsüber ruht der Falter oft auf Rinde, abends fliegt er auf Wiesen mit Disteln und saugt hier süßen Blütennektar. Die Raupe lebt hoch oben in Baumkronen von Eichen und Buchen, aber auch in Apfelbäumen und knabbert Blätter.

Wie viele Raupen siehst Du?

# Mittlerer Weinschwärmer

**Typisch** Falter grün mit hübschem Pink, fliegt nur nachts. Raupe groß und dick, bis 8 cm lang, krabbelt auch tagsüber umher.

**Fliegt auf Blumen der Nacht** Der Mittlere Weinschwärmer ist ein Nachtschmetterling: Tagsüber hockt er reglos im Gras und fliegt erst in der Dämmerung los. Er saugt Nektar aus Blüten, die besonders in der Nacht süß und intensiv duften wie zum Beispiel Jelängerjelieber, Nachtkerzen, Seifenkraut und Gartenphlox. Oft kann man ihn auch im Garten im Schwirrflug vor den Blüten beobachten.

Raupe in Warnstellung: „Rühr mich nicht an!“

### Glotzaugen

Die Raupe hat einen Trick, um sich zu schützen: Sie zieht ihren Kopf ein und bläht ihren Hals dahinter dick auf. So erscheinen die Augenflecken wie große, gefährliche Glotzaugen über einem riesigen Maul. Das schreckt Feinde ab!

4–6,5 cm

# Grasglucke

**Typisch** Falter ockergelb bis rötlich, nachtaktiv, selten zu sehen, Raupe bis 7,5 cm groß und leicht zu finden.

**Nichts als Gräser** Wenn du im April und Mai in Feuchtgebieten zwischen Schilf und Gräsern unterwegs bist, so halte an den Halmen Ausschau nach den großen, auffälligen und bunten Raupen der Grasglucke: Sie sind jetzt ausgewachsen und über 7 cm lang! Da sie nichts anderes knabbern mögen als Schilf, Gräser und Seggen, sind sie hier auch leicht zu finden.

**Warum heißt sie „Trinkerin"?**

Die Raupe der Grasglucke schlürft regelmäßig Tautröpfchen von Gräsern. Das hat ihr den Spitznamen „Trinkerin" eingebracht. Im Juni verpuppt sich die Trinkerin an einem Grashalm, aus dem Kokon schlüpft im Juli der Falter.

Der Falter legt seine Eier nachts an Grashalme.

# Brauner Bär

**Typisch** Falter gemustert mit knallig orangefarbenen Feldern auf den Hinterflügeln. Raupe bis 6 cm lang mit einem Pelz wie der Braunbär (Name!).

**Schmetterling der Nacht** Obwohl dieser Schmetterling nicht selten ist und seine knallig gefärbten Hinterflügel im Flug sofort auffallen, hast du ihn vielleicht noch nie beobachtet. Denn der Braune Bär fliegt nur bei Nacht von Blüte zu Blüte. Dann ist die Gefahr geringer, von Vögeln entdeckt und erbeutet zu werden. Bei Tag ruht er gut getarnt mit zusammengeklappten Flügeln auf Baumrinde.

Braune Bären und ein dunkel gestreifter Russischer Bär.

### Auf Bärensuche

Ende Juli und Anfang August kannst du häufig die Raupe des Braunen Bärs beobachten, wie sie flink auf dem Boden umherkrabbelt: Sie ist jetzt ausgewachsen und auf der Suche nach einem Verpuppungsplatz zwischen Falllaub auf dem Boden.

3–4 cm

# Blutströpfchen

**Typisch** Falter mit großen, roten Punkten und am Ende verdickten Fühlern. Raupe bis 3 cm groß, gelb-schwarz.

**Trockene, sonnige Wiesen** Das Blutströpfchen gehört zur Familie der Widderchen. Es gibt viele verschiedene Widderchen-Arten, die aber alle ähnlich aussehen. Sie brauchen Wiesen mit mageren Böden, auf denen trockene Gräser und viele Blumen wachsen. Weil es solche Wiesen nicht mehr häufig gibt, sind die Widderchen seltener geworden. Das Blutströpfchen ist recht anpassungsfähig und daher noch öfter zu beobachten.

**Bitteres Gift**

Die roten „Blutströpfchen" (Name!) auf den Vorderflügeln des Falters sind eine Warnung für hungrige Vögel: „Achtung! Ich schmecke schlecht und bin sehr giftig!" Das stimmt auch: Falter und Raupe enthalten ein bitteres Gift.

Raupe und Puppenkokon des Blutströpfchens.

# Bläuling

**Typisch** Männchen blau, Weibchen braun-bläulich mit orangefarbenen Flecken. Raupe bis 1,5 cm, grün mit hellen Längsstreifen.

**Der fliegt auf Klee** Viele Bläulinge lieben alle Arten von Klee. Deshalb legen die Weibchen ihre Eier auf Kleeblätter oder verstecken sie in einer Kleeblüte. So finden die gut getarnten und schwierig zu entdeckenden Räupchen hier gleich nach dem Schlupf ihre Lieblingsnahrung. Nach der Verwandlung zum Falter saugt auch dieser am liebsten Nektar aus Kleeblüten.

Weibchen und Raupe an Hornklee.

**Schlafplatz der Bläulinge**

In den frühen Abendstunden kannst du beobachten, wie sich alle Bläulinge der Wiese einen gemeinsamen Schlafplatz an einem Grasbüschel suchen. Hier falten sie ihre Flügel zusammen und ruhen gemeinsam bis zum nächsten Morgen.

5–6 cm

# Tagpfauenauge

**Typisch** Mit großem, buntem „Augenfleck“ auf jedem Flügel. Raupe schwarz mit Dornen.

**Nicht ohne meine Brennnessel!** Willst du Schmetterlinge in den Garten locken, so brauchst du unbedingt eine „wilde Ecke“, in der du Brennnesseln wachsen lässt. Denn die Raupen unserer schönsten Schmetterlinge futtern nichts lieber als ausgerechnet Brennnesselblätter! Hat die Raupe sich in einen Schmetterling verwandelt, so möchte dieser nur noch süßen Blütennektar saugen. Aber zum Ablegen seiner Eier benötigt auch er wieder Brennnesseln.

**Busch für bunte Falter**

Nicht jede Blume wird gleich gern von Schmetterlingen besucht. Entscheidend ist immer, wie viel süßen Nektar die Blüte enthält. Den Rekord hält immer noch der Schmetterlingsflieder – er lockt zahlreiche Schmetterlinge von weither an.

Seine Raupen kannst du oft auf Brennnesseln finden.

# Kleiner Fuchs

**Typisch** Häufiger Falter, orange mit dunklen Flecken und blauer Perlenkette am Flügelrand. Raupe bis 3 cm, schwarz mit Stacheln und typischen gelben Längsstreifen.

**Der mag's brenzlig** Der Kleine Fuchs ist einer unserer häufigsten Schmetterlinge, denn er kommt fast überall zurecht: Seine Raupe lebt fast ausschließlich von Brennnesseln – die Brennhaare daran stören sie nicht. Auch der Falter ist nicht wählerisch: Man hat ihn schon an mehr als 200 verschiedenen Blumenarten Nektar saugen sehen, darunter auch viele Gartenpflanzen.

Eier, Raupe und Puppe an Brennnesseln.

### Auf Dachböden und im Keller

Nur wenige Schmetterlinge verbringen den Winter als Falter. Die meisten verschlafen ihn als Ei, Raupe oder Puppe. Doch der Kleine Fuchs versteckt sich im Winter auf Dachböden, in Kellern oder Schuppen. Kaum wird es warm, fliegt er wieder los.

5 – 6,5 cm

# Admiral

**Typisch** Großer, schwarzer Falter mit roten Streifen und weißen Flecken. Raupe variabel, meist schwärzlich, aber immer mit typischen Stacheln.

**Ein echter Zug-„Vogel"** Unsere Admirale ziehen alle im Frühjahr aus dem Mittelmeergebiet zu uns. Sie legen ihre Eier an Brennnesseln ab und aus den Raupen werden noch im selben Sommer Falter, die dann im Herbst wieder in Richtung Mittelmeer ziehen. Unsere Winter sind den Admiralen wie vielen Zugvögeln einfach zu ungemütlich und zu arm an Nahrung.

Seine Raupen mögen ausschließlich Brennnesseln.

**Angelockt**

Es ist nicht schwierig, den Admiral in den eigenen Garten oder in den Schulgarten zu locken: Pflanze einfach einen Schmetterlingsflieder. Nicht vergessen: Eine Ecke mit Brennnesseln für die Raupen anlegen!

# Schachbrett

**Typisch** Falter mit typischem Schachbrettmuster. Raupe bis 3 cm, gelbbraun bis grünlich mit hellbraunem Kopf.

**Wo die Wiese noch Wiese ist** Wo das Schachbrett fliegt, da ist die Wiese noch in Ordnung: Dieser Schmetterling kann nur auf ungemähten, blumenreichen Wiesen leben, die nicht gedüngt werden. Am liebsten hat er warme, trockene Lebensräume und ist daher im Norden eher selten anzutreffen. Seine Raupe knabbert Gräser, der Falter braucht nektarreiche Blüten.

Auf ungemähten Wiesen gut getarnt.

### Schlaue Raupe

Die Raupe des Schachbrettfalters hat einen guten Trick, um sich vor Fressfeinden zu schützen: Tagsüber versteckt sie sich im Gras oder unter Wurzeln und kommt erst in der Dunkelheit zum Fressen hervor – dann, wenn die meisten Vögel längst schlafen.

4,5 – 6 cm

# Distelfalter

**Typisch** Falter orange mit schwarzen Flecken, Vorderflügelspitze schwarz mit weißen Flecken. Raupe bis 4 cm, grünlich-braun.

**Wie weit wanderst du?** Distelfalter zählen zu den „Zugvögeln“ unter den Schmetterlingen. Ihre Heimat liegt in Nordafrika. Von dort fliegen sie jedes Jahr im Frühling in Richtung Norden, um hier Nachwuchs zu bekommen. Dabei legen sie pro Tag etwa 100 km zurück! Die bei uns geschlüpften Distelfalter ziehen im Herbst zurück in den warmen Süden.

### Wanderzüge der Schmetterlinge

In manchen Jahren kommt es zu Masseneinwanderungen von Distelfaltern. So zählte man im Jahr 2009 rund 200 Millionen in Richtung Norden wandernde Distelfalter. Am besten lässt sich der Zug an schmalen Alpenpässen beobachten.

Wandert in Schwärmen über die Alpen.

# Zitronenfalter

**Typisch** Männchen zitronengelb, das Weibchen ist blasser. Fliegen schon früh im März.

**Mit Frostschutzmittel** Unter all unseren Schmetterlingen überwintert nur der Zitronenfalter draußen in freier Natur. Bei Schnee und Eis kauert er reglos im Gebüsch und lässt sich sogar komplett zuschneien. Doch keine Sorge: Im Frühjahr kommt er wieder putzmunter hervor, denn in seiner Körperflüssigkeit speichert er sehr viele Eiweiße und Salze – die wirken wie ein Frostschutzmittel und verhindern, dass er erfriert.

Übersteht Eis und Schnee.

### Zu früher Frühlingsbote

In manchen Jahren lockt bereits die Februarsonne den Zitronenfalter hervor. Doch leider bringt er uns oft noch nicht den ersehnten Frühling. Kaum wird es wieder kälter, fällt der Zitronenfalter in seine Kältestarre zurück.

5 – 6,5 cm

# Kohlweißling

**Typisch** Falter unscheinbar weißlich, Raupe bis 4 cm, grünlich gelb mit gelber Rückenlinie.

**Kleine Gemüsediebe** Kohlweißlinge leben gern da, wo der Mensch wirtschaftet, und zählen zu den „Schädlingen" unter den Schmetterlingen. In Gärten oder auf Raps- und Kohlfeldern legt das Weibchen mehrere hundert Eier an die Blattunterseite. Nach 1 bis 2 Wochen schlüpfen die Raupen und futtern nun 4 Wochen lang große Blattmengen. Aus den Raupen entwickeln sich noch im selben Sommer wieder Falter, die auch gleich wieder Eier ablegen.

### Züchten statt ärgern

Schon wieder lästige Räupchen im Gemüsebeet entdeckt? Setze sie mit frischen Kohlblättern in ein leeres Gurkenglas und decke es mit Mückengaze zu. Nun schau, was in den nächsten Wochen geschieht. Wichtig: Nicht vergessen, regelmäßig zu füttern!

Seine Raupen sind gesellig und futtern im Nu ein Kohlblatt.

# Aurorafalter

**Typisch** Fliegt als einer der allerersten Schmetterlinge im Jahr schon ab Ende März. Raupe unscheinbar, grünlich.

**Wiesenschaum und Waldknoblauch** Zwei Blumen sind für den schönen Aurorafalter besonders wichtig: Das auf sumpfigen Wiesen im April blühende Wiesenschaumkraut und die an schattigen Waldrändern blühende Knoblauchsrauke, auch „Waldknoblauch“ genannt. Diese beiden Pflanzen schmecken den Raupen besonders gut! Deshalb heftet das Weibchen auch gern seine Eier an sie: So finden die Raupen gleich nach dem Schlupf ihre Lieblingsnahrung.

Männchen und Weibchen auf Wiesenschaumkraut.

## Göttin der Morgenröte

Den orangerot leuchtenden Flügelenden des Männchens verdankt der Falter seinen Namen: „Aurora“ bedeutet im Lateinischen „Göttin der Morgenröte“. Das Weibchen ist ganz schlicht weiß. Gemeinsam ist beiden die grün marmorierte Unterseite ihrer Flügel.

5–7,5 cm

# Schwalbenschwanz

**Typisch** Falter gelbschwarz mit schwalbenähnlichen Schwanzspießen (Name!). Raupe hellgrün und schwarz mit orangefarbenen Punkten.

**Sonne & Möhren** Der Schwalbenschwanz ist ein Schlechtwetter-Muffel. Er fliegt nur an richtig schönen, sonnigen Sommertagen. Wenn du bei dir im Garten Karotten angebaut hast, kommt er dich vielleicht sogar besuchen. Er und seine Raupen lieben das Kraut und die Blüten von Möhren über alles – es muss nicht immer Wilde Möhre sein!

**Bitte nicht mähen!**

Schwalbenschwanz-Raupen sind wählerisch: Sie ernähren sich in der Natur nur von ganz bestimmten Wiesenkräutern wie der Wilden Möhre, Dill und dem Echten Fenchel. Wo Wiesen zu früh und oft gemäht werden, sterben Raupen und Eier ab.

Selten geworden: die schöne Schwalbenschwanz-Raupe.

# Wespenspinne

**Typisch** Gelb-schwarz geringelt in großem Spinnennetz.

**Getarnt als Wespe** Manche Tiere tragen extra grelle Farben, um andere zu warnen: „Lass mich lieber in Ruhe – ich bin gefährlich!“ Die schwarz-gelbe Zeichnung von Wespen ist so eine Warntracht. Wer will schon eine Wespe fangen und womöglich gestochen werden? Manche Tiere tun aber auch nur so, als seien sie gefährlich, indem sie die Warnfarben von anderen nachahmen. Zum Beispiel die Wespenspinne: Sie sieht gefährlich aus – ist aber absolut harmlos!

In diesem Ballon überwintern die Spinnenkinder.

## Lebensgefährliche Hochzeit

Hast du eine Wespenspinne entdeckt? Dann ist es garantiert ein Weibchen! Das Männchen ist nämlich unscheinbar und winzig klein. Gleich nach der Hochzeit wird es in den meisten Fällen sofort vom Weibchen verspeist. So können ihre Eier schnell reifen.

0,5 cm

# Zebraspringspinne

**Typisch** Gestreift wie ein Zebra, oft an Häusern.

**Schön & schauerlich** Diese Spinne ist sehr spannend zu beobachten. Das gelingt auch mühelos, weil sie wirklich an fast jedem Gebäude zuhause ist – man muss sie nur entdecken! Kleine Ritzen am Balkon oder halbmorsche Zaunpfähle mag sie besonders gern. Hat sie mit ihren Riesenaugen eine Fliege erspäht, pirscht sie sich ganz langsam an, um plötzlich kurz davor unvermittelt loszuspringen!

### Immer angeseilt

Um bei ihren halsbrecherischen Sprüngen nicht versehentlich ins Leere zu stürzen, ist die Spinne immer gut angeseilt: Sie spinnt sich einen stabilen Sicherheitsfaden, den sie vor ihren Jagdzügen am Untergrund befestigt.

Sie hat Augen wie Teleobjektive.

# Krabbenspinne

**Typisch** Häufige weiße oder gelbe Spinne, die gut getarnt auf Blüten lauert.

**Farbe nach Laune** Diese Spinne kann ihre Farbe ändern! Je nachdem, auf welcher Blütenfarbe sie kauert, ist sie entweder weiß gefärbt oder gelb. So muss sie nur gut getarnt und geduldig warten, bis ein Insekt herbeigeflogen kommt, um Blütennektar oder Pollen zu naschen. Hat es die Spinne bemerkt, ist es auch schon zu spät für eine Flucht. Den Namen Krabbenspinne trägt sie übrigens wegen ihres merkwürdigen Seitwärtsganges.

Erwischt: die Krabbenspinne hat Beute gemacht.

**Blütenbesucher aufgepasst!**

Ob Biene, Schmetterling oder Käfer: kein Blütenbesucher ist der Krabbenspinne zu groß und vor keinem fürchtet sie sich! Kaum ist ein Insekt gelandet, da packt sie auch schon zu und tötet es blitzschnell mit ihrem Giftbiss.

0,5 – 1 cm

# Wolfspinne

**Typisch** Krabbeln oft scharenweise auf dem Boden in trockenem Gras umher.

**Spinne ohne Netz** So gefährlich wie ihr Name klingt ist sie nicht. Von unseren heimischen Wolfspinnen ist keine einzige für uns Menschen gefährlich. Da diese Spinne sich kein Netz webt, um Beute zu fangen, muss sie ähnlich wie ein Wolf auf die Jagd gehen. Dazu lauert sie gut getarnt am Boden. Ihren 8 aufmerksamen Augen entgeht dabei nicht die allerkleinste Bewegung.

### Huckepack auf Mamis Rücken

5 Wochen lang schleppt die Mutter ihren Eikokon mit sich herum. Dann knabbert sie ihn auf: Heraus kommen über 50 winzige Spinnenkinder, die sofort auf den Rücken ihrer Mutter krabbeln. So dürfen sie noch über 1 Woche lang Huckepack reiten.

Gut beschützte Spinnenkinder.

# Listspinne

**Typisch** Sonnt sich oft mit weit ausgestreckten Beinen auf Blättern.

**Das Zelt aus Seide** Die Listspinne passt gut auf ihre Kinder auf. Im Sommer kannst du beobachten, wie sie einen Mini-Tischtennisball mit sich herumschleppt. Den hält sie 2 Wochen lang gut fest, denn darin liegen ihre Eier. Nun webt sie versteckt im Pflanzengewirr ein Netz aus allerfeinster Seide und befestigt daran ihren Eiballen. Nach dem Schlüpfen krabbeln ihre Kinder in das schützende Zelt. Die Mutter sitzt obendrauf und bewacht sie.

Spinnenmutter mit ihrem Eikokon.

**Gefährdete Männchen**

Damit das Männchen bei der Paarung nicht versehentlich von der Spinnenfrau gefressen wird, überbringt er ihr ein Brautgeschenk: eine in Seide eingewickelte Fliege. Dieses Fressgeschenk besänftigt die Spinnenfrau und er darf sich gefahrlos mit ihr paaren.

0,5 – 2 cm

# Gartenkreuzspinne

**Typisch** Immer mit weißem Kreuz auf dem Rücken.

**Reißfest und klebrig** Die Gartenkreuzspinne sitzt meist in der Mitte ihres großen Radnetzes. Hier wartet sie, bis unvorsichtige Grashüpfer, Fliegen oder kleine Schmetterlinge sich in ihrem Netz verheddern. Sie können sich nicht daraus befreien, da die Fäden sehr klebrig sind. Schon eilt die Spinne herbei und tötet sie mit einem Giftbiss. Dann umspinnt sie ihre Beute mit feinen Fäden. So hat sie immer einen guten Nahrungsvorrat.

**Reißfest wie Stahl**

Spinnfäden faszinieren Forscher: Denn sie sind federleicht – und reißfest wie Stahl. So könnte ein Spinnfaden von der Dicke deines Daumens locker mehrere Kleinwagen tragen. Bislang ist es uns Menschen nicht gelungen, so ein Material zu entwickeln.

Für Menschen absolut ungefährlich.

# Hausspinne

**Typisch** Häufigste Spinne in Hausecken. Wirkt durch ihre langen, kräftigen Beine noch größer.

**Nützlicher Hausgenosse** Eigentlich ist diese Spinne ein wirklich nützlicher Mitbewohner: In ihrem Netz fängt sie fleißig Fliegen und Mücken und wird uns Menschen nicht lästig. Ihr Netz mündet in eine Röhre, in der sich die Spinne bei Tage versteckt. Im Dunkeln kommt sie heraus und lauert auf ihrem Netz. Wer dann den Kellerraum betritt, in dem sie wohnt, und dabei das Licht einschaltet, der sieht sie nur noch in ihre Röhre huschen.

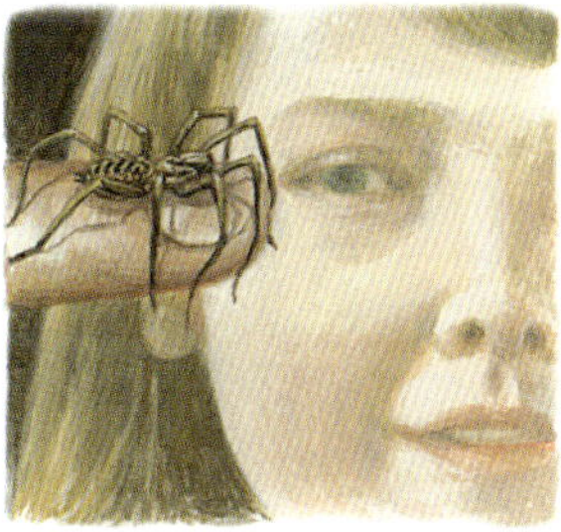

Mutige setzen die harmlose Spinne so ins Freie.

**Spinne im Bad?**

Wenn du nicht mit der Hausspinne unter einem Dach wohnen möchtest, dann kannst du sie ruhig nach draußen setzen, denn auch in freier Natur kommt sie gut zurecht. Stülpe dazu vorsichtig einen Becher über das Tier und schiebe ein Blatt Papier darunter.

0,5 – 1 cm (ohne Bein)

# Zitterspinne

**Typisch** Zerbrechlich wirkende Spinne in Zimmerecken.

**Biologische Schädlingsbekämpfung** Diese Spinne fühlt sich bei uns in jedem Haus wohl – nur nicht in freier Natur. Gut geschützt in einer Zimmerecke webt sie ein feines Netz zwischen Wand und Decke. Nun muss sie nur noch abwarten, bis sich Fliegen oder Mücken darin verfangen. So dient die Spinne uns als harmlose und kostenlose Schädlingsbekämpferin. Zu viele Spinnen können es in einem Raum übrigens nie werden: Vorher verspeisen sie sich gegenseitig.

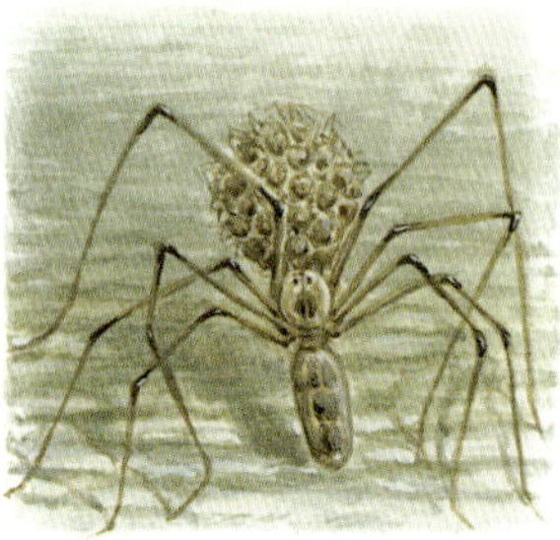

Ihre Jungspinnen werden gut beaufsichtigt.

**Völlig ungefährlich!**

Obwohl die Zitterspinne mit ihren 5 cm langen Beinen manch einem Angst und Schrecken einjagt oder Ekel hervorruft, ist sie doch ein völlig harmloser Hausbewohner, den man ruhig in manch einer Ecke wohnen lassen kann.

# Weberknecht

**Typisch** Sehr, sehr lange und sehr dünne Beine, Körper rundlich und kompakt.

**Der spinnt nicht** Obwohl der Weberknecht 8 Beine hat, ist er keine richtige Spinne. Das erkennst du daran, dass sein Körper nur aus einem einzigen Teil besteht und nicht wie bei den echten Spinnen aus zwei Teilen. Außerdem hat er keine Spinndrüsen und auch keine Giftdrüsen. So kann er sich kein Netz weben, um darin Beute zu fangen. Weberknechte leben hauptsächlich von gefundenen toten Tierchen oder lauern kleineren Insekten auf.

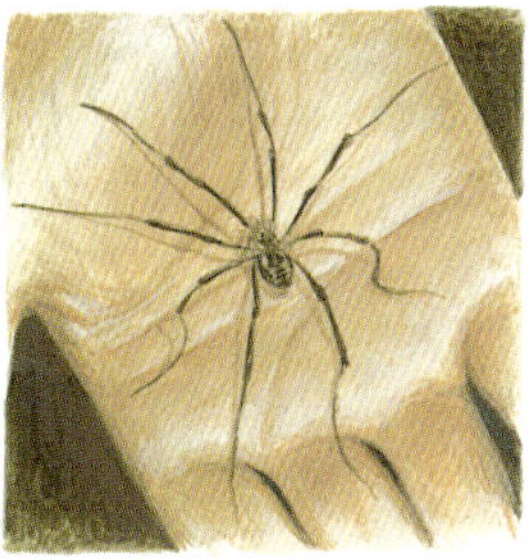

Weberknechte sind absolut harmlos!

### Abgeworfen

Du hast einen Weberknecht mit nur 6 oder 7 Beinen gefunden? Das ist keine Seltenheit. Denn die Tiere werfen bei Gefahr, zum Beispiel wenn ein Vogel sie am Bein packt , dieses Bein einfach ab. Danach können sie ganz normal weiterleben.

0,2 – 1 cm

# Zecke

**Typisch** Normalerweise ganz flach und nicht größer als 2 bis 4 mm. Doch nach der Blutmahlzeit ist sie rundlich und prall und misst locker 1 cm.

**Fiese Blutsauger** Zecken können gut riechen und warten in höherem Gras und auf Sträuchern auf vorbeikommende Beute. Das sind Menschen und auch Tiere wie Rehe, Hunde oder sogar Eidechsen. Hat die Zecke ihre Beute erschnuppert, lässt sie ihren Halm los und klammert sich an ihrem Opfer fest. Nun krabbelt sie umher und sucht einen guten Platz zum Blutsaugen.

**Achtung – Zeckenbiss!**

Zecken übertragen gefährliche Krankheiten. Schütze Dich mit Käppi, Gummistiefeln und einem Zeckenmittel davor, gebissen zu werden. Suche Deinen Köper nach jeder Exkursion sorgfältig nach Zecken ab. Festsitzende Zecken schnellstmöglich entfernen.

Zecken beißen sich 1 bis 2 Wochen lang fest.

1 – 1,5 cm

# Mauerassel

**Typisch** Der ganze Körper ist von Panzerplatten bedeckt.

**Luft holen mit den Beinen** Willst du Asseln finden, so musst du unter Steinen, Totholz oder im Falllaub suchen. Sie leben nur da, wo es feucht und modrig ist. Denn nur hier bekommen sie genügend Sauerstoff! Asseln sind mit den Krabben der Meeresküste verwandt und atmen genau wie diese über Kiemen an ihren Beinen. Ist es zu trocken, so verkleben die Kiemen und sie bekommen keinen Sauerstoff mehr. Asseln sind die einzigen Krebse, die dauerhaft an Land leben!

Oft in Kellern: die verwandte Kellerassel.

**Müllabfuhr**

Asseln räumen im Wald unermüdlich den Abfall weg. Sie futtern alles, was tot ist und herumliegt: Moderndes Holz, Falllaub, tote Kleintiere, Pilze und sogar Kot. Damit sind die Tierchen in der Natur von großem ökologischen Wert.

3 cm

# Steinkriecher

**Typisch** Rotbraun mit vielen Laufbeinen und langen Fühlern.

**Achtung Giftbiss!** Der Steinkriecher versteckt sich tagsüber unter Steinen, erst nachts krabbelt er auf Raubzug: Sehen kann er dabei mit seinen Mini-Augen nur schlecht, aber mit den langen Fühlern tastet er sich geschickt voran. Hat er eine Spinne, Assel oder ein Insekt ertastet, so tötet er es mit einem Giftbiss und zerlegt die Beute mit den kräftigen Kieferzangen. Sein Giftbiss ist auch für Menschen schmerzhaft!

## Kleiner Bruder

Der gelborange Erdläufer sieht ähnlich aus wie der Steinkriecher, ist aber ist viel dünner. Seine Beute findet er im Erdboden. Oft dringt in Regenwurmgänge ein und überfällt Regenwürmer, indem er sie fest umschlingt und schließlich verspeist.

Häufig im Kompost: Der ähnliche Erdläufer.

5 cm

# Schnurfüßer

**Typisch** Eine krabbelnde Schnur mit sehr vielen Beinen, meist unter Steinen.

**Gut gepanzert** Der Körper der Schnurfüßer ist hart und fest und besteht aus etwa 50 Ringen. An jedem Ring sitzen an der Unterseite 4 Beine. Je nach Länge des Tieres haben Schnurfüßer zwischen 100 und 300 Beinen. Daher ist es ein wenig übertrieben, die Tiere als „Tausendfüßer" zu bezeichnen. Meist findest du Schnurfüßer unter Steinen oder unter Baumrinde. Ihre Nahrung besteht aus abgestorbenen Pflanzenteilen und toten Tieren.

Rollt sich bei Gefahr spiralig auf.

## Ur-uralt

Schnurfüßer leben schon viel, viel länger auf unserem Erdball als die meisten anderen Tiere und als wir Menschen. Schon vor 400 Millionen Jahren krabbelten sie durch die Urwälder. Die ersten Vormenschen lebten vor rund 10 Millionen Jahren.

# Wo im Buch steht was?

## Bildquellen

Umschlagfoto vorn: mauritius images/Bridge. Alle anderen Fotos stammen von Frank Hecker und Frieder Sauer/Frank Hecker.
Die Zeichnungen fertigte Paschalis Dougalis mit Ausnahme der folgenden: Fariba Gholizadeh, Fuchs-Illustrationen Umschlag und Innenteil. Symbole Lebensräume und Größenangaben: Stefan Dehmel.

## Haftung

Die in diesem Buch enthaltenen Empfehlungen und Angaben sind von den Autoren mit größter Sorgfalt zusammengestellt und geprüft worden. Eine Garantie für die Richtigkeit der Angaben kann aber nicht gegeben werden. Autoren und Verlag übernehmen keinerlei Haftung für Schäden und Unfälle.
Der Verlag Eugen Ulmer ist außerdem nicht verantwortlich für den Inhalt von Links.

---

**Bibliografische Information der Deutschen Nationalbibliothek**
Die Deutsche Nationalbibliothek verzeichnet diese Publikation in der Deutschen Nationalbibliografie; detaillierte bibliografische Daten sind im Internet über http://dnb.d-nb.de abrufbar.


Wollgrasweg 41, 70599 Stuttgart (Hohenheim)
E-Mail: info@ulmer.de
Internet: www.ulmer.de
Umschlagentwurf, Innenlayout: Wiebke Hengst, Ostfildern
Lektorat: Ina Vetter
Herstellung: Silke Reuter
Reproduktion: timeray, Herrenberg
Druck und Bindung: Litotipografia Editrice Alcione, Lavis
Printed in Italy

**ISBN 978-3-8001-5824-9**

# Das könnte Sie auch interessieren:

- Blumen und Getreidesorten kinderleicht bestimmen
- Spannende Infos zu jeder Blume
- Viele Tipps zum Aktivwerden

**Naturführer für Kinder: Blumen.**

Entdecken, kennenlernen, erforschen. Frank Hecker, Katrin Hecker. 2010. 96 S., 95 Farbfotos, 80 Zeichn., kart. + PVC-Hülle.

ISBN 978-3-8001-5827-0.

- Heimische Vögel kinderleicht bestimmen
- Mit Basteltipps und Rezepten für Vogelfutter
- Mit spannenden Infos von Finn, dem Fuchs

**Naturführer für Kinder: Vögel.**

Entdecken, kennenlernen, erforschen. Frank Hecker, Katrin Hecker. 2010. 96 S., 95 Farbfotos, 80 Zeichn., kart. + PVC-Hülle.

ISBN 978-3-8001-5826-3.

www.ulmer.de Ulmer

# Naturwerkstatt
# Das Magische Auge

Oft ist es gar nicht so einfach, Käfer, Fliegen oder Spinnen genauer anzuschauen. Kaum willst du sie betrachten, da sind sie schon wieder weitergekrabbelt. Insbesondere bei stechenden Insekten wie Hummeln oder Bienen ist ohnehin Vorsicht beim Anschauen geboten! Hier hilft dir ein einfaches, aber sehr nützliches Gerät weiter, das du ganz fix selber basteln kannst!

### Krabbeltiere beobachten leicht gemacht

Mit dem **Magischen Auge** kannst du Krabbeltierchen nicht nur gefahrlos und vorsichtig einfangen, sondern sie auch wunderbar und in Ruhe beobachten. Denn die Tierchen können nicht fortkrabbeln – und ihnen kann trotzdem nichts geschehen. Schau mal selbst!

**Das brauchst du:**
- 2 durchsichtige Plastikbecher
- Styropor (ca. 1 cm dick)
- Schere und Filzstift
- Küchenmesser
- Plastikfolie (Frischhaltefolie aus der Küche)
- Kleber

**Zuerst** stellst du einen Plastikbecher mit der Unterseite auf das Styropor. Mit dem Filzstift umrandest du den Becher und nimmst ihn herunter. Nun kannst du mit dem Küchenmesser vorsichtig den Umriss aus dem Styropor ausschneiden. Lasse dir beim Schneiden von einem Erwachsenen helfen!